VETERINARY ANIMAL

COLOURING

BOOK

CAT

Copyright

Contents

Contents

Contents

1

External View

(Body Parts)

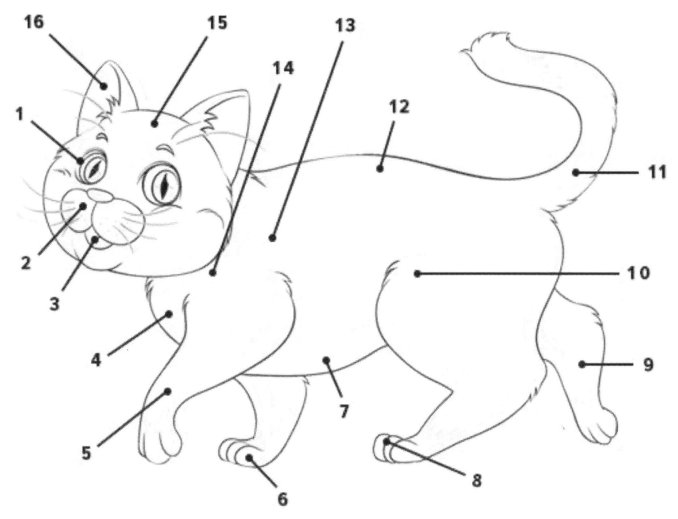

1/	Eye	5/	Foreleg	9/	Hind leg	13/	Shoulder
2/	Nose	6/	Paw	10/	Tail	14/	Neck
3/	Mouth	7/	Belly	11/	Thigh	15/	Head
4/	Chest	8/	Toe	12/	Back	16/	Ear

1.1

Eye

Body Parts

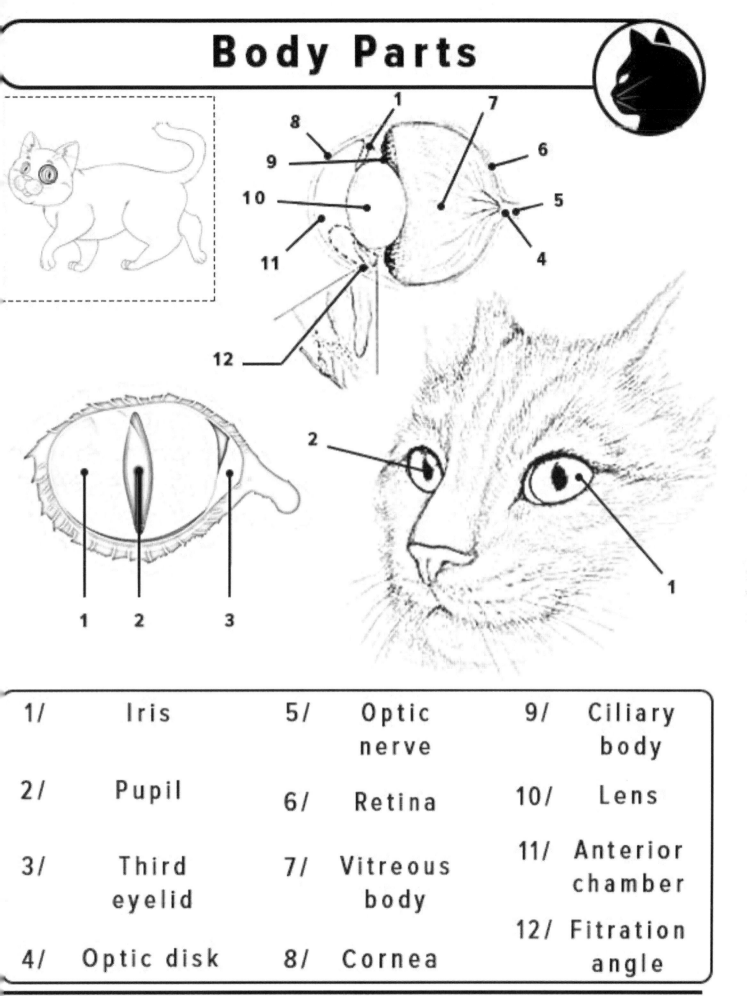

1/	Iris	5/	Optic nerve	9/	Ciliary body
2/	Pupil	6/	Retina	10/	Lens
3/	Third eyelid	7/	Vitreous body	11/	Anterior chamber
4/	Optic disk	8/	Cornea	12/	Fitration angle

1.2

Nose

Body Parts

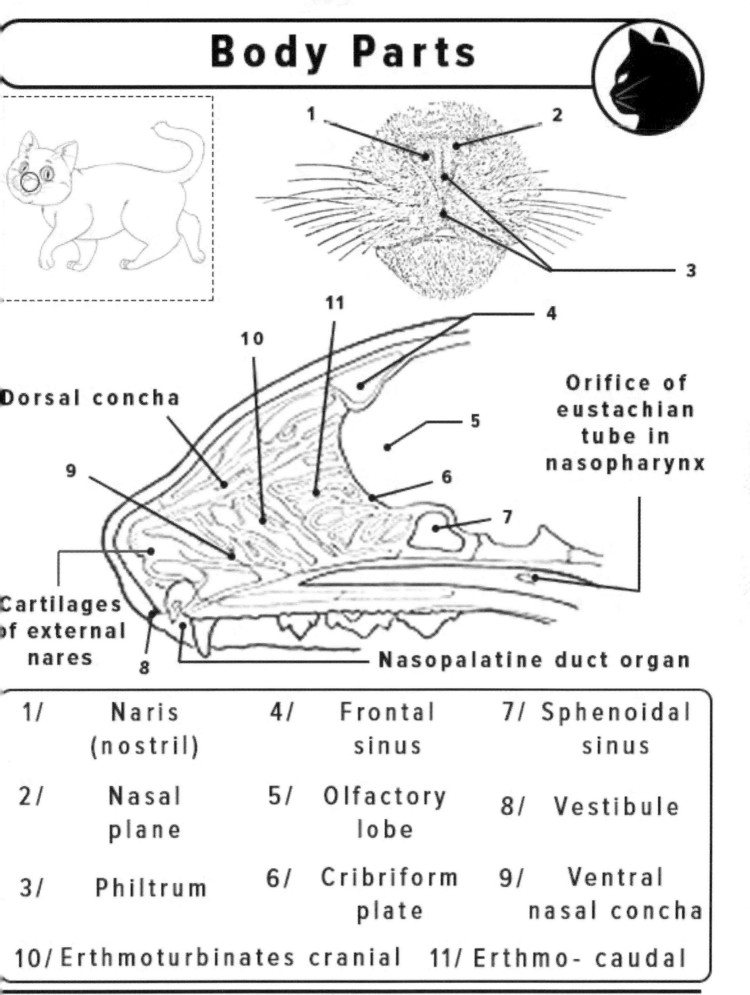

1
2
3

Dorsal concha

11
10
4
9

Orifice of
eustachian
tube in
nasopharynx

5

6

7

Cartilages
of external
nares

8

Nasopalatine duct organ

1/	Naris (nostril)	4/	Frontal sinus	7/	Sphenoidal sinus
2/	Nasal plane	5/	Olfactory lobe	8/	Vestibule
3/	Philtrum	6/	Cribriform plate	9/	Ventral nasal concha

10/ Erthmoturbinates cranial   11/ Erthmo- caudal

1.3

Mouth

Body Parts

Auditory Tube

Incisors

Nasopharyngeal
Polyp

Ventromedial
Compartment
Of Bulla

1/	Canine	4/	Promontory	7/	Tympanic membrane
		5/	Septum of bulla	8/	External ear canal
2/	Premolars				
		6/	Dorsolateral compartment of bulla	9/	Middle ear polyp
3/	Molar				

1.4

Back

Body Parts

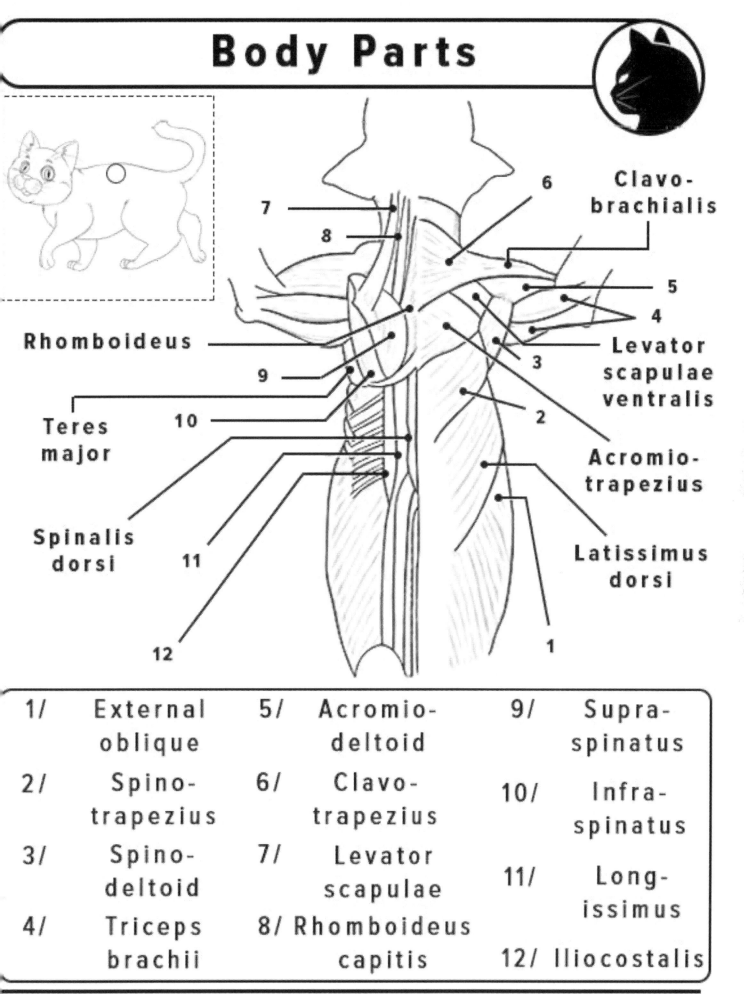

7

8

6

Clavo-brachialis

5

4

3

Levator scapulae ventralis

Rhomboideus

9

Teres major

10

2

Acromio-trapezius

Spinalis dorsi

11

Latissimus dorsi

12

1

1/	External oblique	5/	Acromio-deltoid	9/	Supra-spinatus
2/	Spino-trapezius	6/	Clavo-trapezius	10/	Infra-spinatus
3/	Spino-deltoid	7/	Levator scapulae	11/	Long-issimus
4/	Triceps brachii	8/	Rhomboideus capitis	12/	Iliocostalis

1.5
Paw & Nail

Body Parts

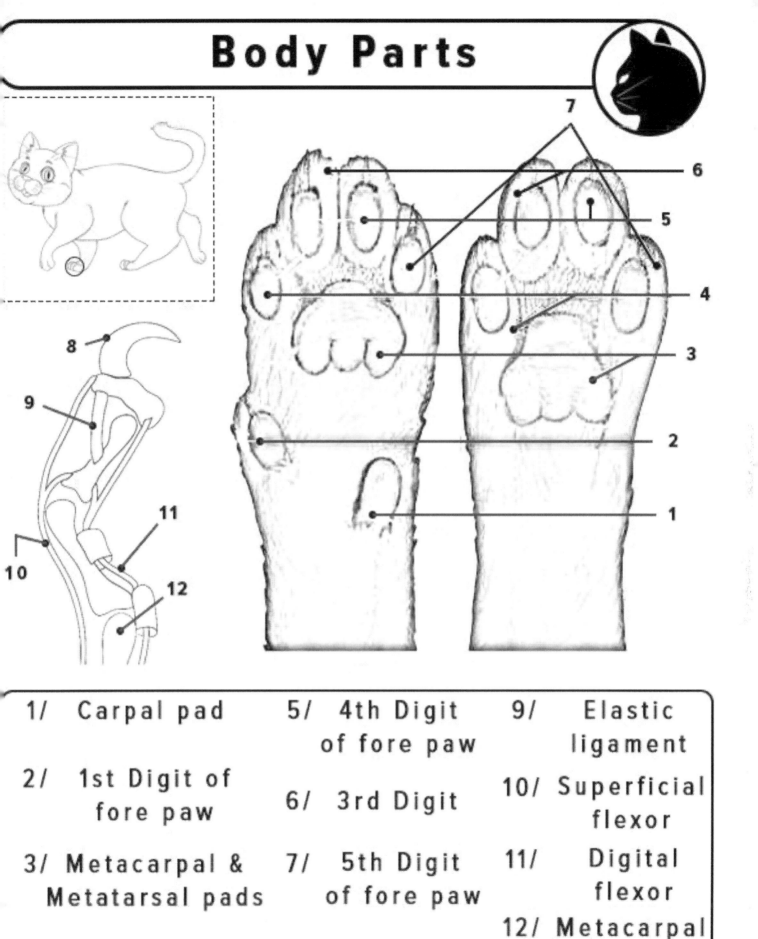

1/ Carpal pad	5/ 4th Digit of fore paw	9/ Elastic ligament
2/ 1st Digit of fore paw	6/ 3rd Digit	10/ Superficial flexor
3/ Metacarpal & Metatarsal pads	7/ 5th Digit of fore paw	11/ Digital flexor
4/ 2nd Digit	8/ Claw	12/ Metacarpal bone

1.6
Shoulder

Body Parts

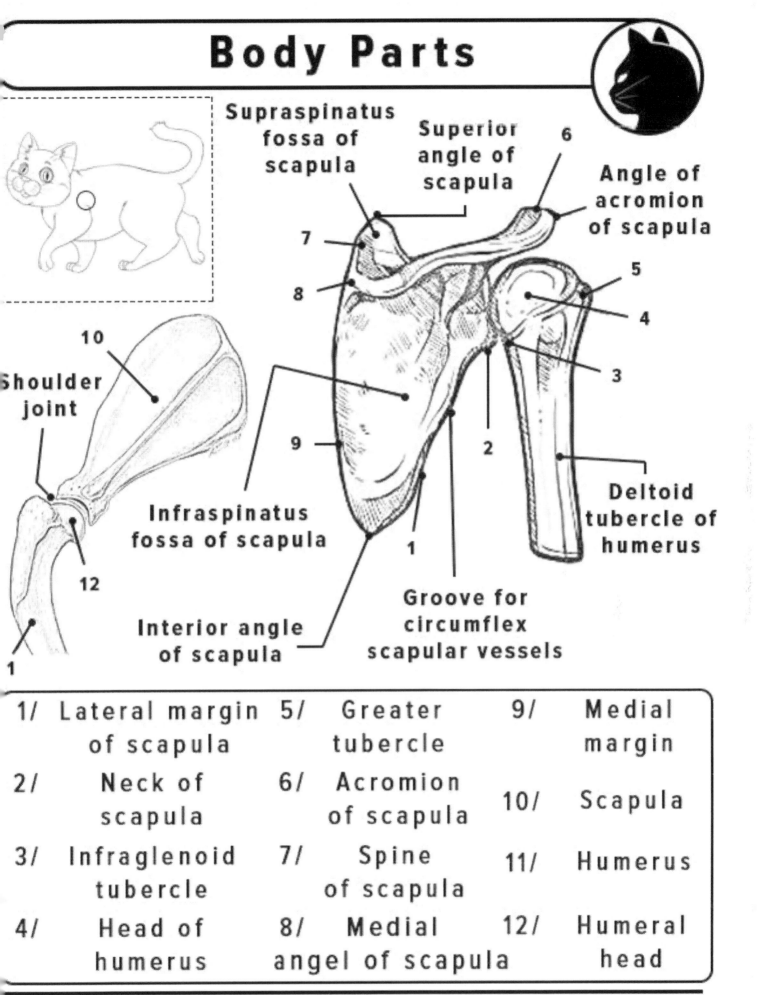

Supraspinatus fossa of scapula

Superior angle of scapula

Angle of acromion of scapula

Shoulder joint

Infraspinatus fossa of scapula

Interior angle of scapula

Groove for circumflex scapular vessels

Deltoid tubercle of humerus

1/	Lateral margin of scapula	5/	Greater tubercle	9/		Medial margin
2/	Neck of scapula	6/	Acromion of scapula	10/		Scapula
3/	Infraglenoid tubercle	7/	Spine of scapula	11/		Humerus
4/	Head of humerus	8/	Medial angel of scapula	12/		Humeral head

19

1.7

Ear

Body Parts

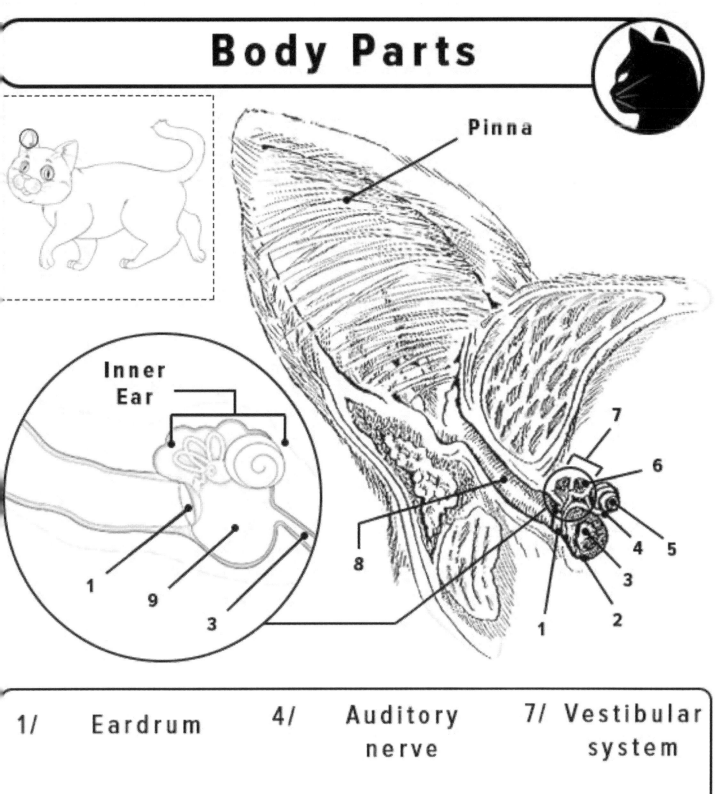

Pinna

Inner Ear

1
9
3
8
7
6
4
5
3
2
1

1/	Eardrum	4/	Auditory nerve	7/	Vestibular system
2/	Tympanic cavity	5/	Cochlea	8/	Ear canal
3/	Eustachian tube opening	6/	Ossicles (hammer , anvil and stirrup)	9/	Middle ear

2

Internal View

Internal View

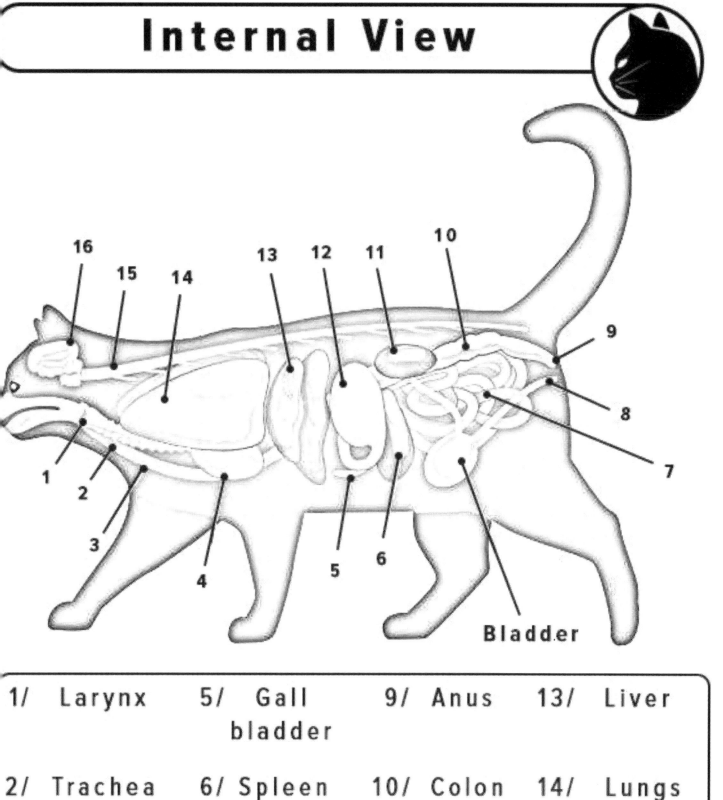

1/ Larynx	5/ Gall bladder	9/ Anus	13/ Liver
2/ Trachea	6/ Spleen	10/ Colon	14/ Lungs
3/ Esophagus	7/ Small intestine	11/ Kidney	15/ Spinal column
4/ Heart	8/ Urethra	12/ Stomach	16/ Brain

2.1

Heart

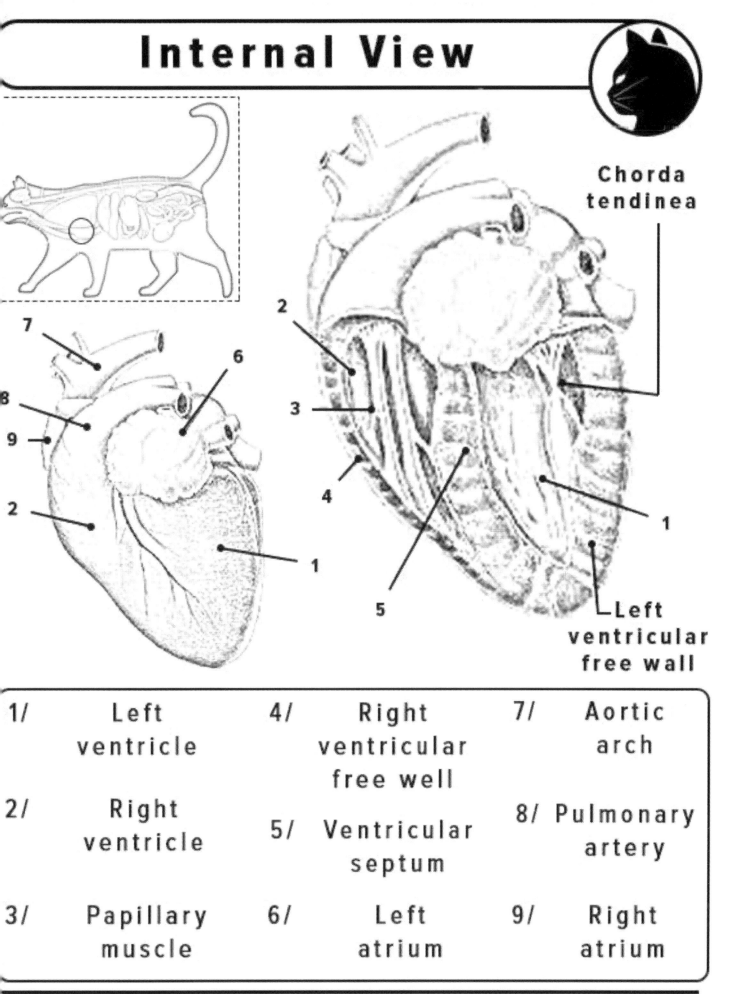

Chorda tendinea

Left ventricular free wall

1/	Left ventricle	4/	Right ventricular free well	7/	Aortic arch
2/	Right ventricle	5/	Ventricular septum	8/	Pulmonary artery
3/	Papillary muscle	6/	Left atrium	9/	Right atrium

2.2
Small Intestine

Internal View

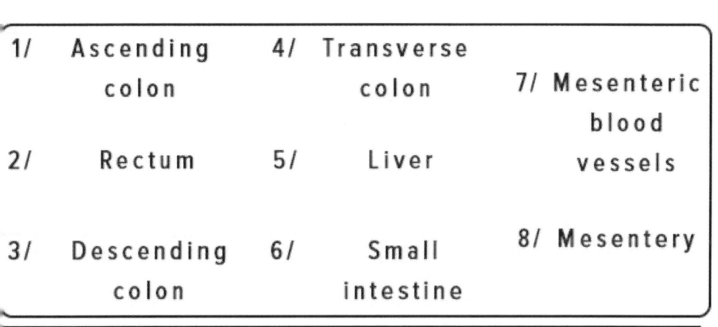

1/	Ascending colon	4/	Transverse colon	7/ Mesenteric blood vessels
2/	Rectum	5/	Liver	
3/	Descending colon	6/	Small intestine	8/ Mesentery

2.3
Spleen

Internal View

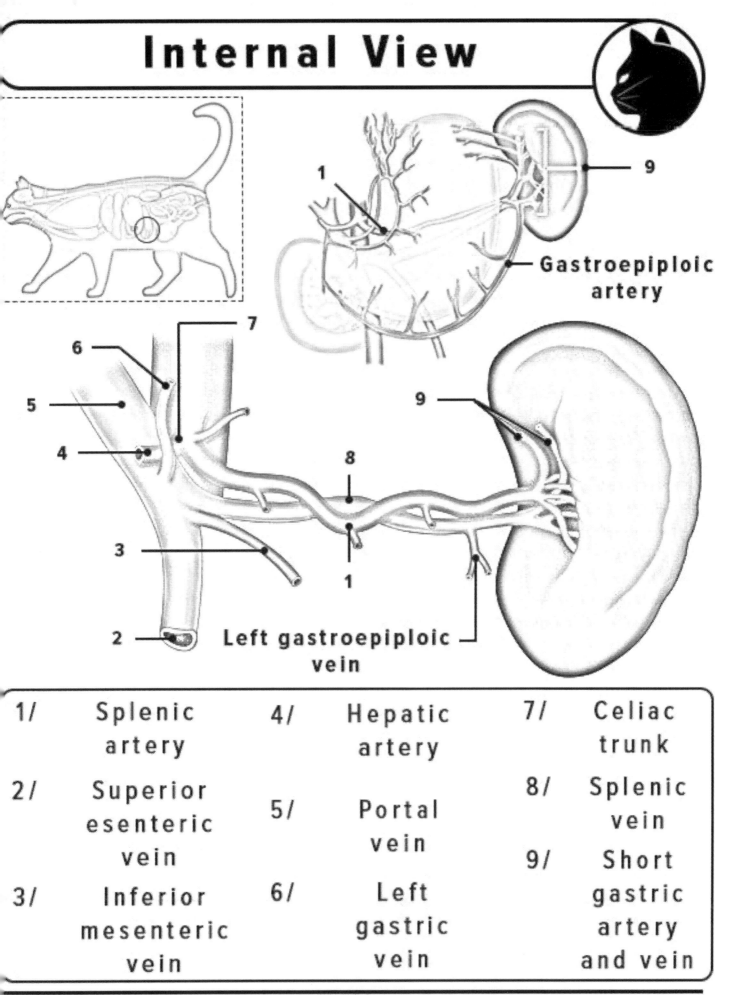

9 — Gastroepiploic artery

Left gastroepiploic vein

1/	Splenic artery	4/	Hepatic artery	7/	Celiac trunk
2/	Superior esenteric vein	5/	Portal vein	8/	Splenic vein
3/	Inferior mesenteric vein	6/	Left gastric vein	9/	Short gastric artery and vein

2.4

Brain

Internal View

Cerebral hemisphere

Cerebellar hemisphere

10

11

9

12

Olfactory bulb

1

Glossopharyngeal and vagus

2

3

4

5

6

7

8

1/	Optic	5/	Medulla	9/	Vestibulo-cochlear
2/	Trochlear	6/	Hypoglossal	10/	Facial
3/	Abducens	7/	Accessory	11/	Trigeminal
		8/	Spinal cord	12/	Olfactory tract
4/	Pons				

3

Digestive System

Digestive System

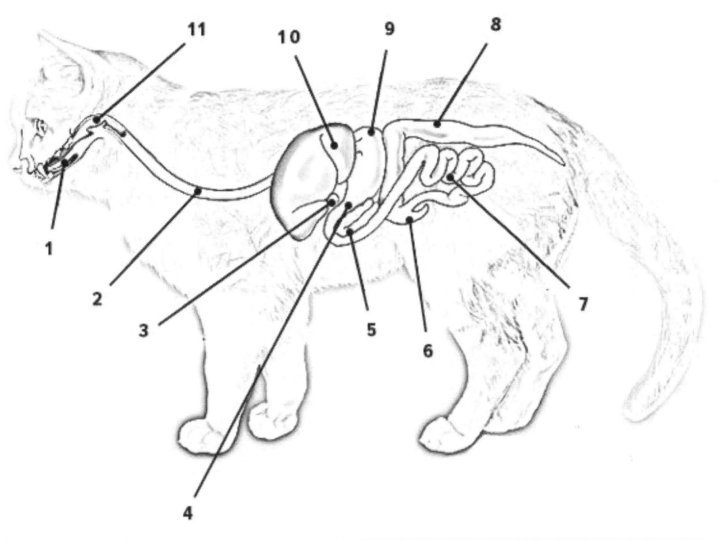

1/ Mouth & tongue	5/ Pancreas		9/ Stomach
2/ Esophagus	6/ Cecum		10/ Liver
3/ Gall bladder	7/ Small intestine		11/ Pharynx
4/ Pylorus	8/ Colon		

3.1 Stomach

Digestive System

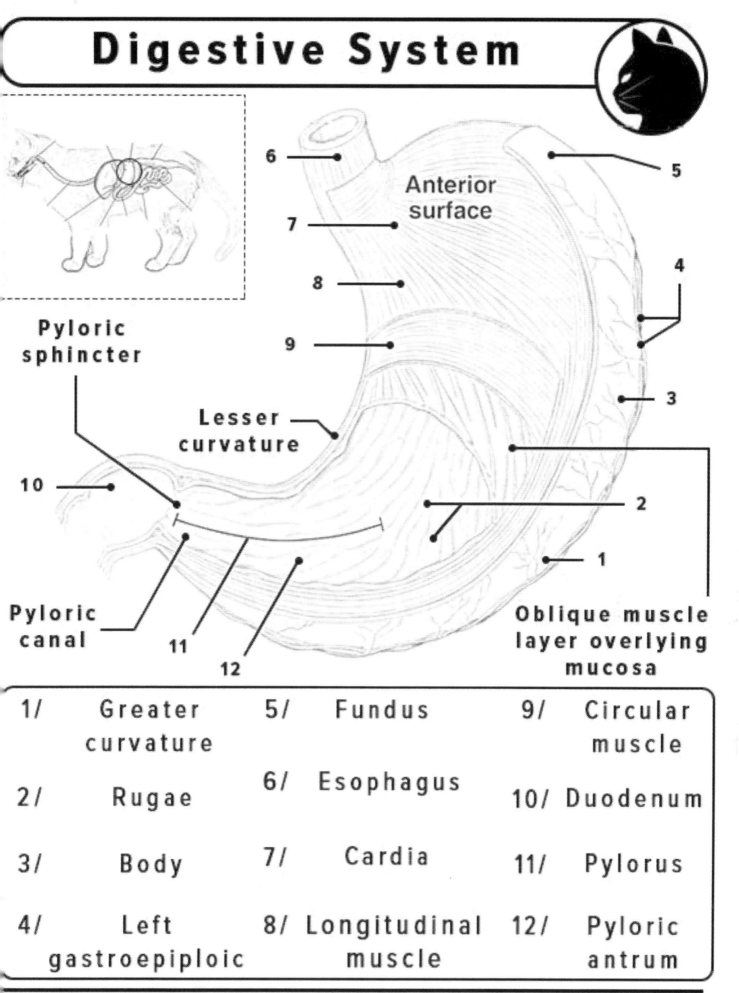

6 — Anterior surface

5

7

8

9

4

3

2

1

Pyloric sphincter

Lesser curvature

10

Oblique muscle layer overlying mucosa

Pyloric canal

11

12

1/	Greater curvature	5/	Fundus	9/	Circular muscle
2/	Rugae	6/	Esophagus	10/	Duodenum
3/	Body	7/	Cardia	11/	Pylorus
4/	Left gastroepiploic	8/	Longitudinal muscle	12/	Pyloric antrum

3.2

Liver

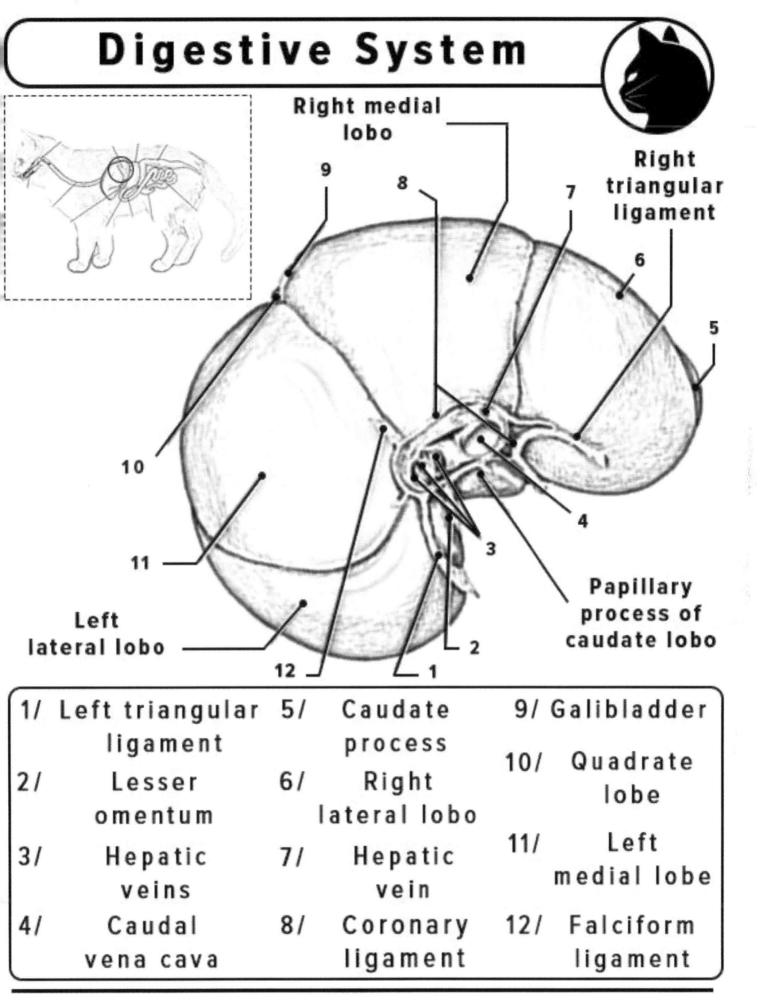

Right medial lobo

Right triangular ligament

Left lateral lobo

Papillary process of caudate lobo

1/ Left triangular ligament	5/ Caudate process	9/ Galibladder
2/ Lesser omentum	6/ Right lateral lobo	10/ Quadrate lobe
3/ Hepatic veins	7/ Hepatic vein	11/ Left medial lobe
4/ Caudal vena cava	8/ Coronary ligament	12/ Falciform ligament

3.3

Colon

Digestive System

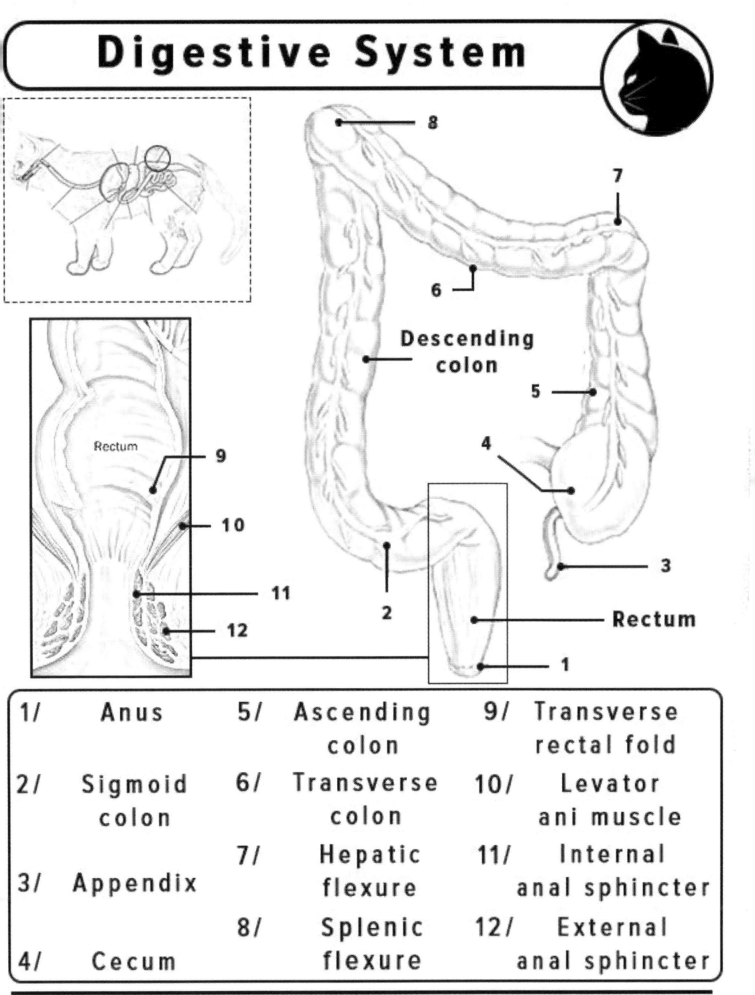

Descending colon

Rectum

Rectum

1/	Anus	5/	Ascending colon	9/	Transverse rectal fold
2/	Sigmoid colon	6/	Transverse colon	10/	Levator ani muscle
3/	Appendix	7/	Hepatic flexure	11/	Internal anal sphincter
4/	Cecum	8/	Splenic flexure	12/	External anal sphincter

3.4 Pancreas

Digestive System

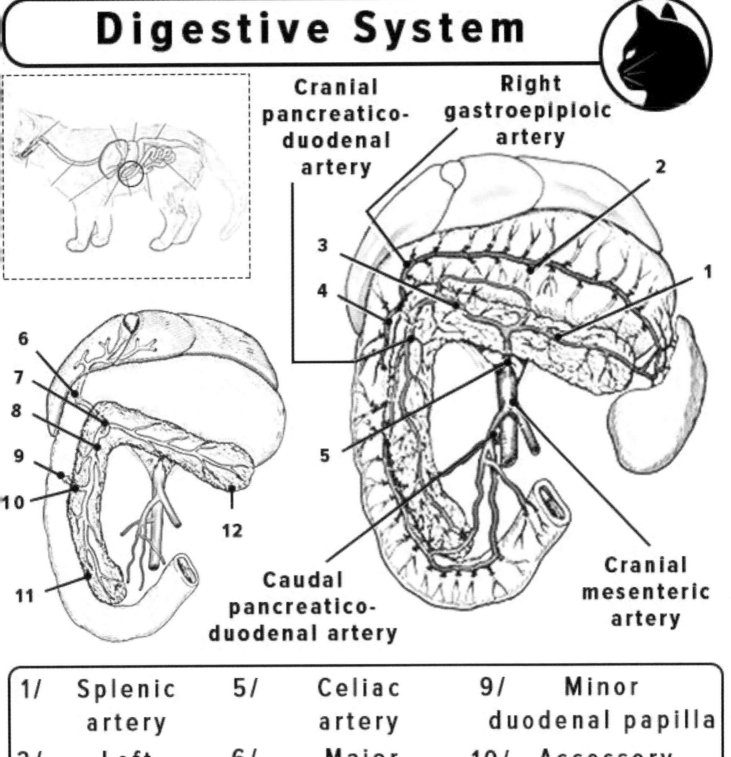

Cranial pancreatico-duodenal artery

Right gastroepiploic artery

Cranial mesenteric artery

Caudal pancreatico-duodenal artery

1/	Splenic artery	5/	Celiac artery	9/	Minor duodenal papilla
2/	Left gastric artery	6/	Major duodenal papilla	10/	Accessory pancreatic duct
3/	Hepatic artery	7/	Pancreatic duct	11/	Right lobe of pancreas
4/	Recurrent duodenal	8/	Body of pancreas	12/	Left lobe of pancreas

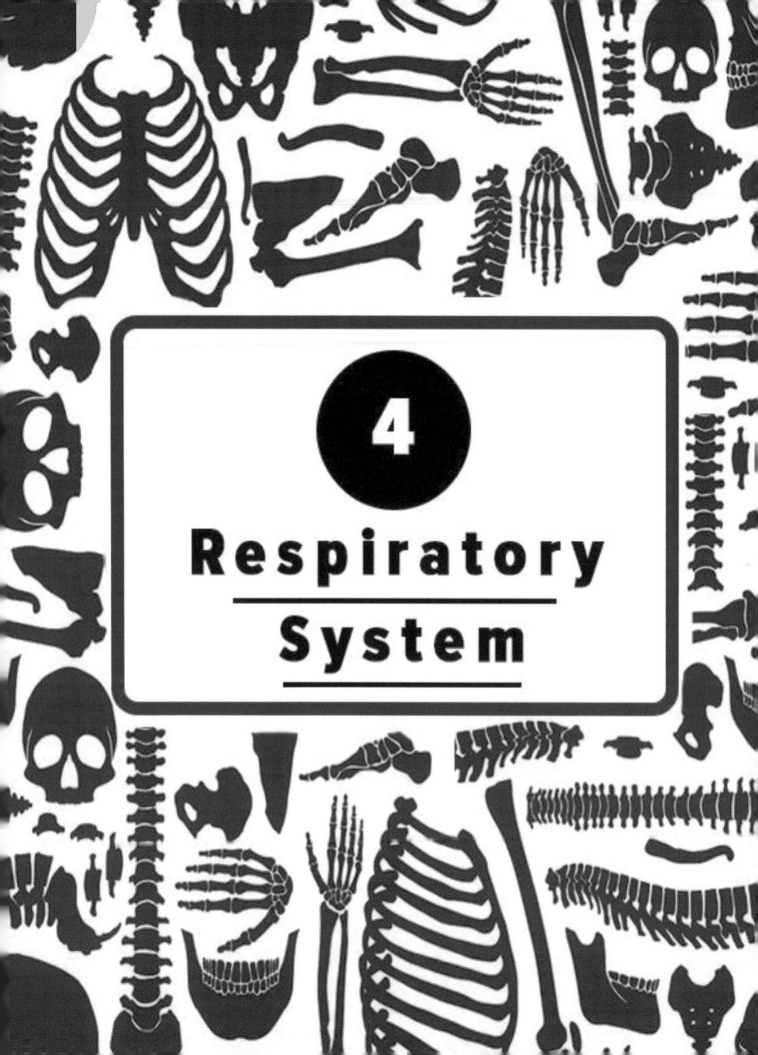

4

Respiratory System

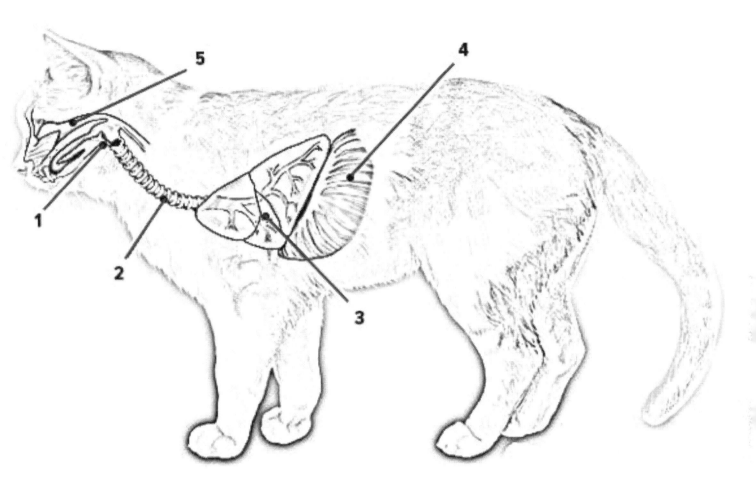

1/	Larynx	3/	Lungs
2/	Trachea	4/	Diaphragm

5/ Nasal and Sinus cavities

4.1

Larynx

Respiratory System

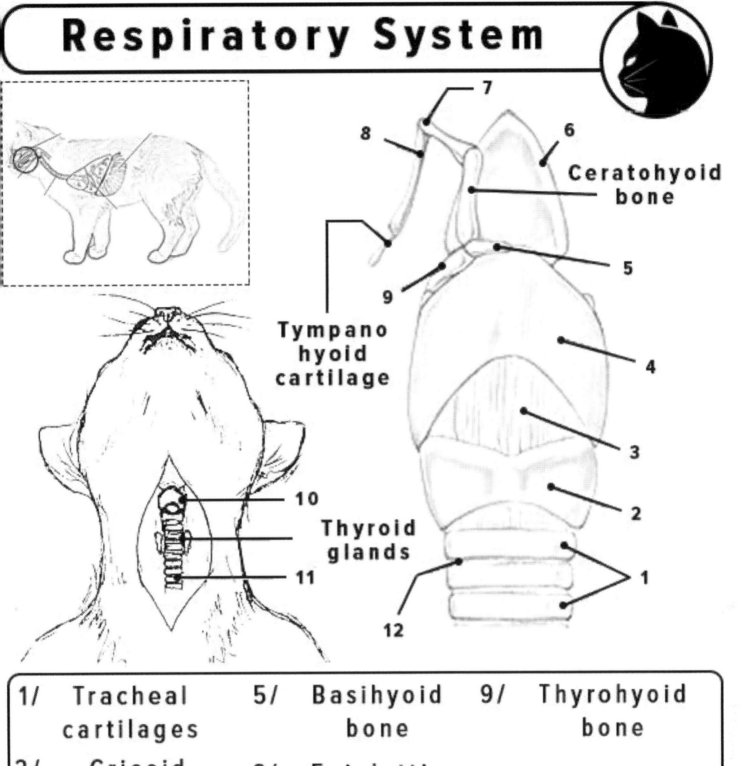

Ceratohyoid bone — 6

5

4

3

2

1

Tympano hyoid cartilage

7
8
9

10

Thyroid glands

11

12

1/	Tracheal cartilages	5/	Basihyoid bone	9/	Thyrohyoid bone
2/	Cricoid cartilage	6/	Epiglottis	10/	Larynx
3/	Cricothyroid ligament	7/	Epihyoid bone	11/	Trachea
4/	Thyroid cartilage	8/	Stylohyoid bone	12/	Anular ligament

4.2

Trachea

Respiratory System

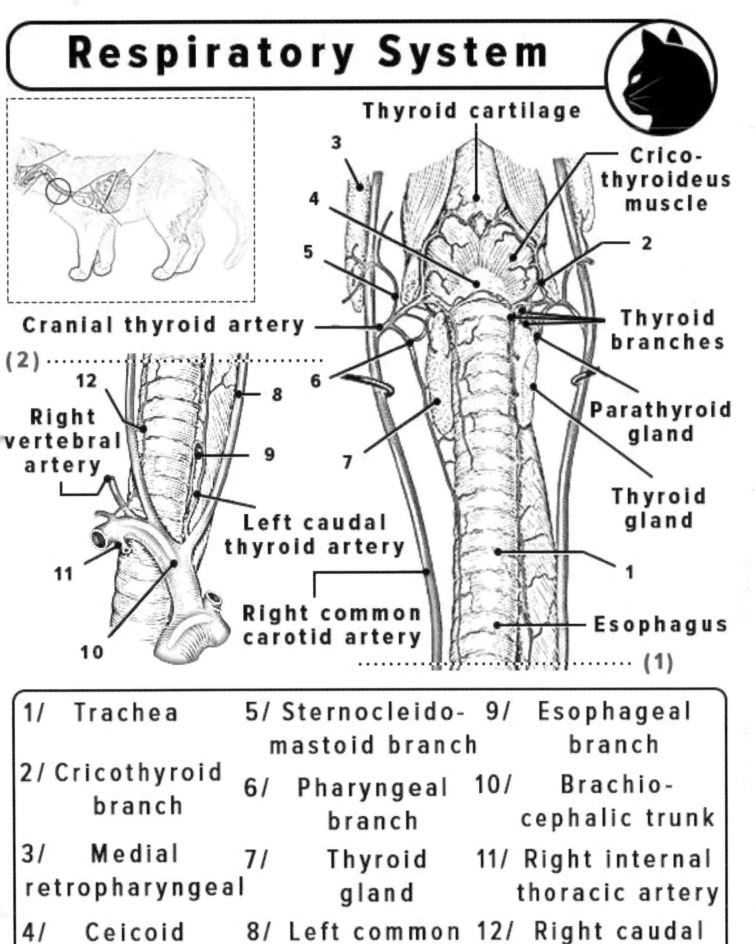

Thyroid cartilage

Crico-thyroideus muscle

Cranial thyroid artery

Right vertebral artery

Left caudal thyroid artery

Right common carotid artery

Thyroid branches

Parathyroid gland

Thyroid gland

Esophagus

(2)

(1)

1/ Trachea	5/ Sternocleido-mastoid branch	9/ Esophageal branch
2/ Cricothyroid branch	6/ Pharyngeal branch	10/ Brachio-cephalic trunk
3/ Medial retropharyngeal	7/ Thyroid gland	11/ Right internal thoracic artery
4/ Ceicoid cartilage	8/ Left common carotid artery	12/ Right caudal thyroid artery

47

4.3
Lungs

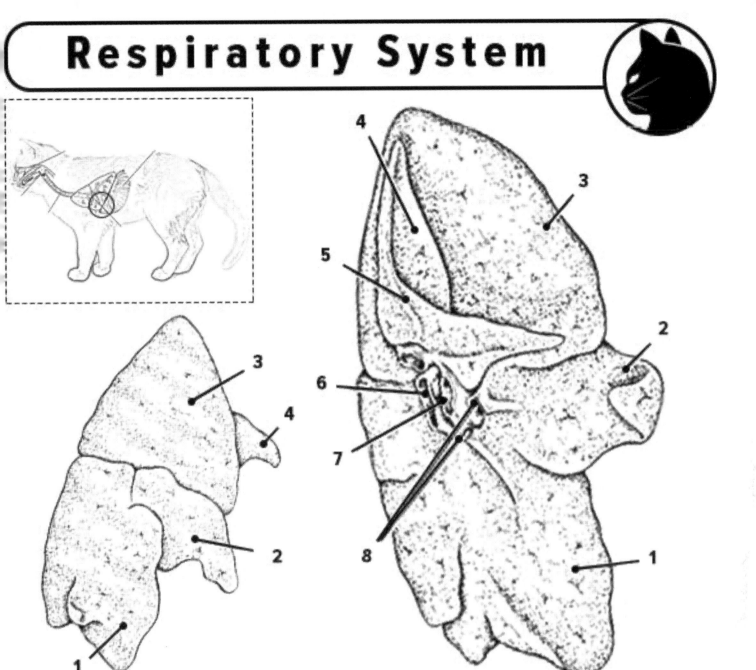

1/	Cranial lobe	4/	Accessory lobe	7/	Pulmonary artery
2/	Middle lobe	5/	Pulmonary ligament	8/	Pulmonary veins
3/	Caudal lobe	6/	Right bronchus		

5

Reproductive System

Reproductive System

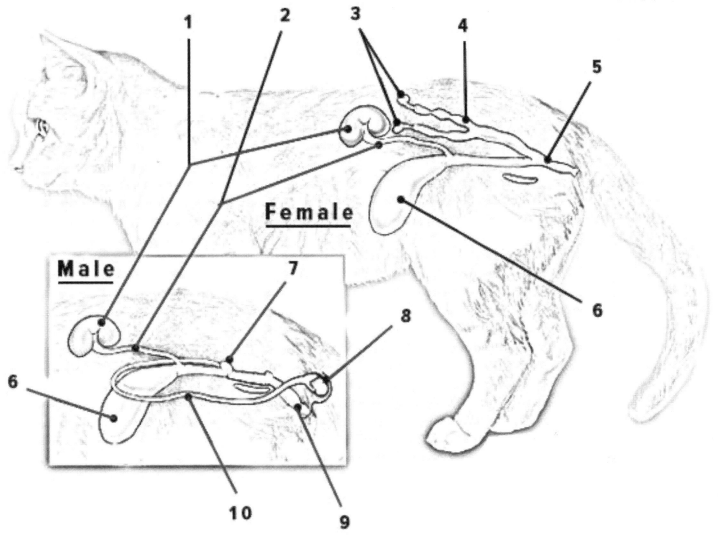

Female

Male

1/	Kidney	5/	Vagina
2/	Ureter	6/	Bladder
3/	Ovaries	7/	Prostate gland
4/	Uterus	8/	Testicle
		9/	Penis
		10/	Spermatic cord

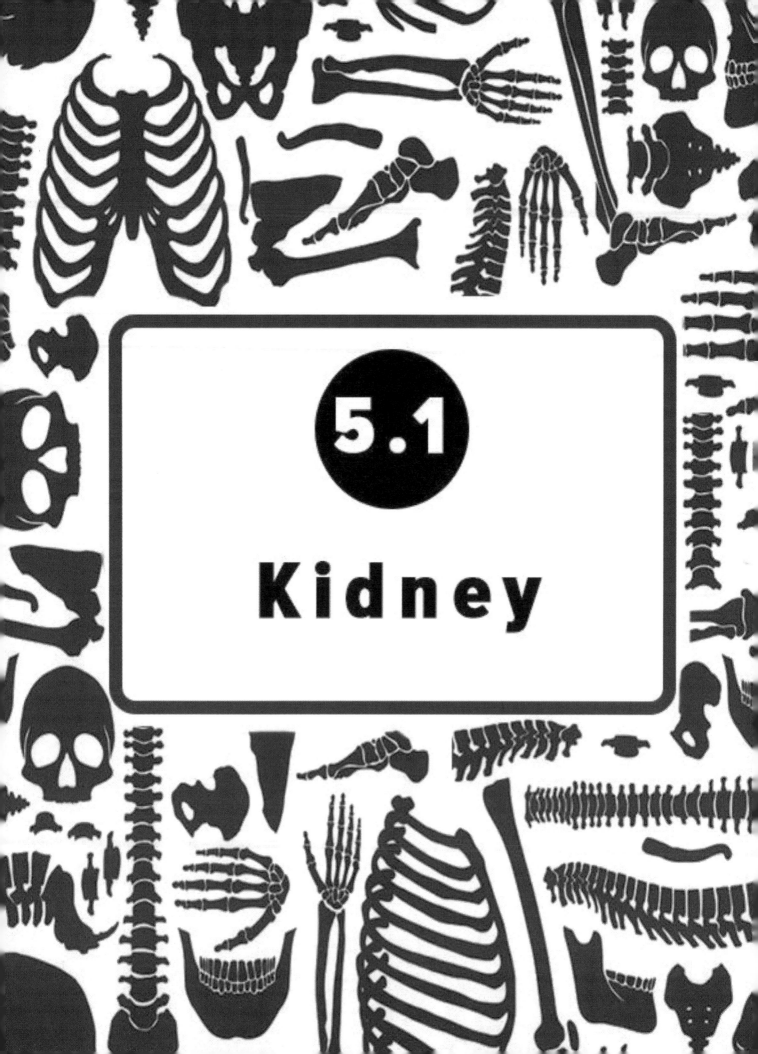

5.1
Kidney

Reproductive System

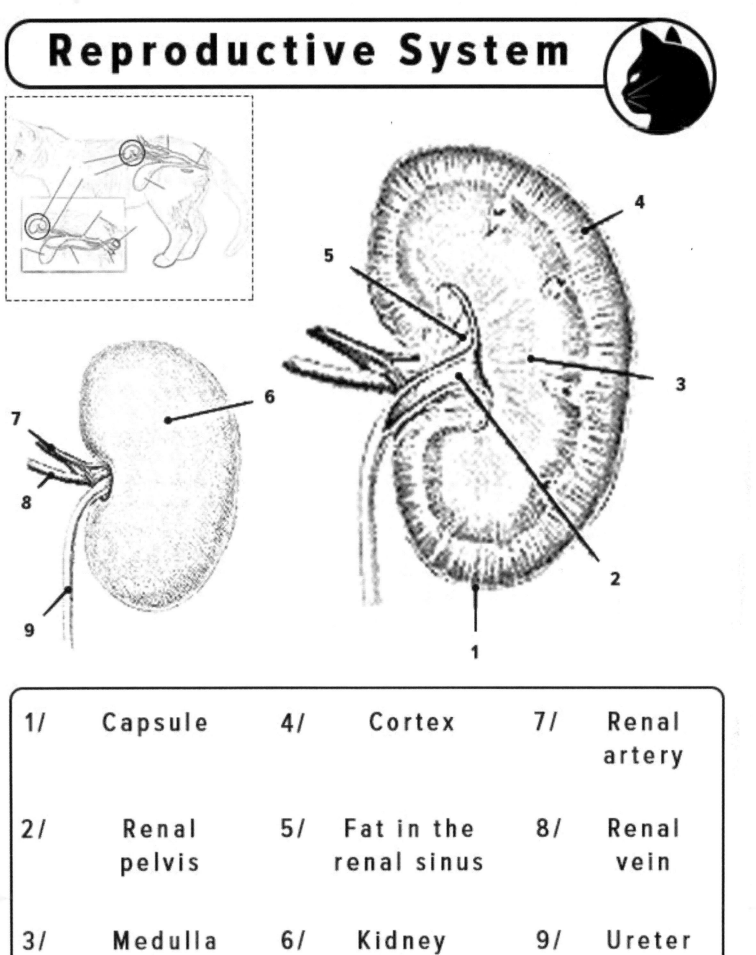

1/	Capsule	4/	Cortex	7/	Renal artery
2/	Renal pelvis	5/	Fat in the renal sinus	8/	Renal vein
3/	Medulla	6/	Kidney	9/	Ureter

5.2 Testicle

Reproductive System

Genito-
femoral
nerve

3

Spermatic
cord

4

5

Aorta

6

Crema-
steric
artery

7

8

9

10

2

11

1

12

Perineal
nerve

Vaginal
cavity

1/	Testis	5/	Distal cutaneous branch	9/	Pampiniform plexus
2/	Epididymis	6/	Scrotal branch	10/	Head of epididymis
3/	Scrotal sac	7/	Testicular artery	11/	Artery to vas deferens
4/	Llioinguinal nerve	8/	Testicular vein	12/	Tail of epididymis

5.3

Vagina

Reproductive System

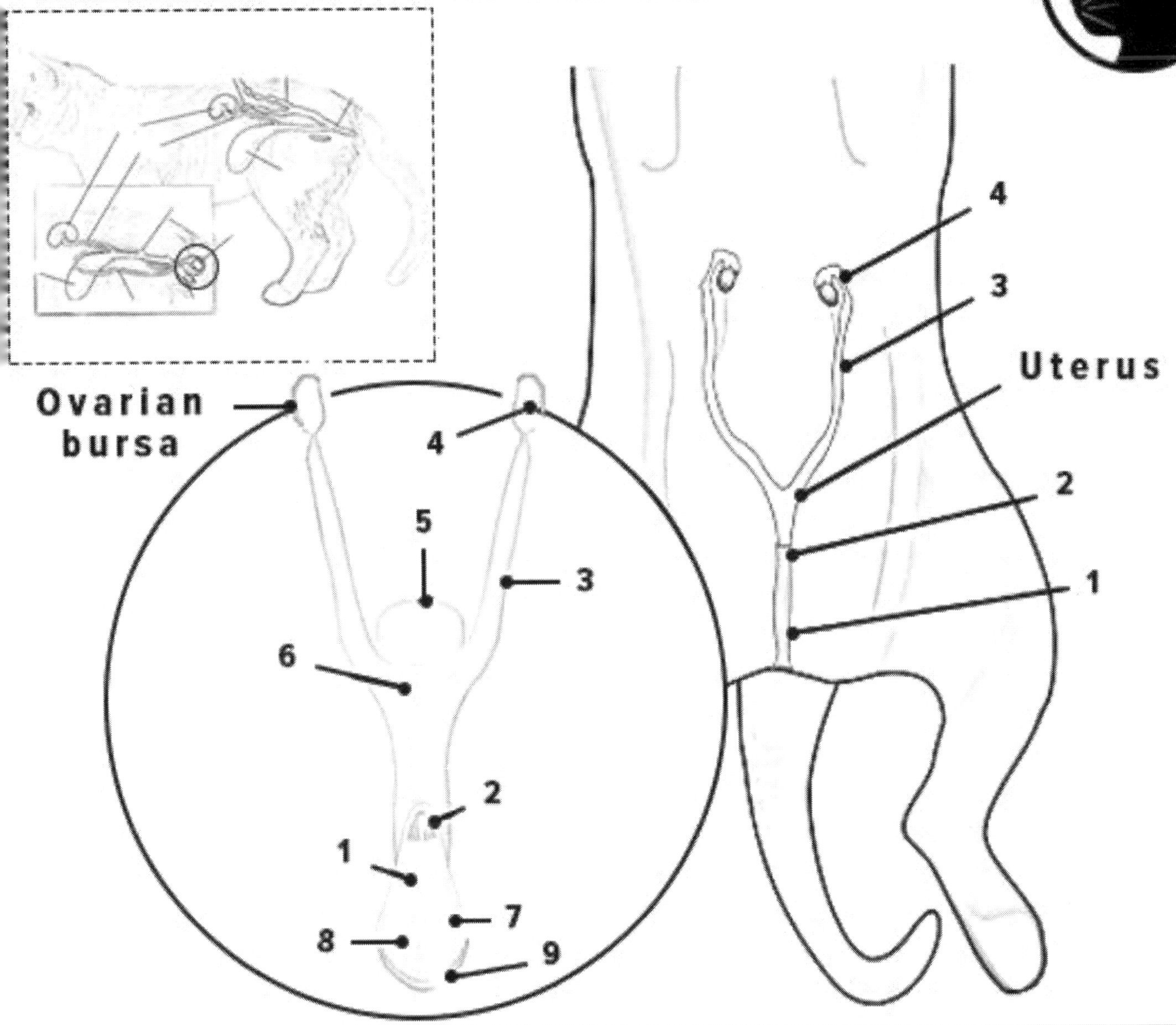

Ovarian
bursa

Uterus

1/	Vagina	4/	Ovary	7/	Vestibule
2/	Cervix	5/	Bladder	8/	Clitoris
3/	Uterine horn	6/	Uterine body	9/	Vulva

6

Skeleton

Skeleton

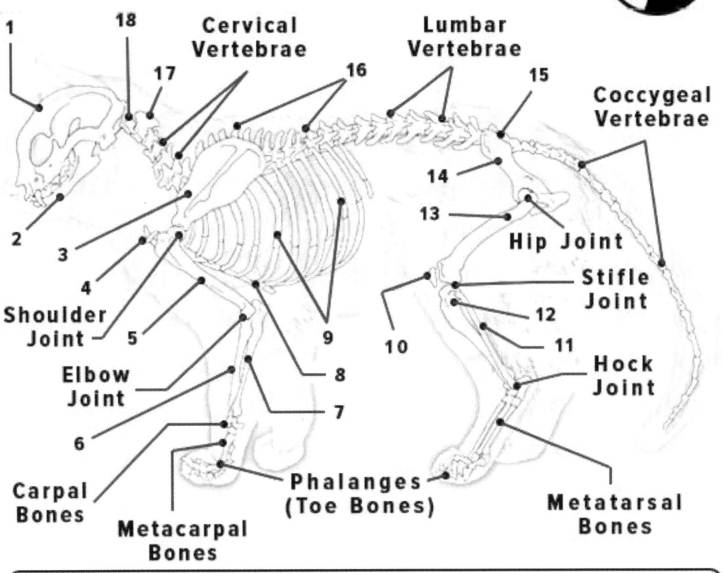

Labels on diagram:
- 1
- 18
- 17
- Cervical Vertebrae
- 16
- Lumbar Vertebrae
- 15
- Coccygeal Vertebrae
- 2
- 3
- 4
- 14
- 13
- Hip Joint
- Shoulder Joint
- 5
- 9
- 10
- Stifle Joint
- 12
- 11
- Elbow Joint
- 8
- 7
- 6
- Hock Joint
- Carpal Bones
- Metacarpal Bones
- Phalanges (Toe Bones)
- Metatarsal Bones

1/ Skull	6/ Radius	11/ Fibula
2/ Mandible	7/ Ulna	12/ Tibia
3/ Scapula	8/ Sternum	13/ Femur
4/ Clavicle	9/ Ribs	14/ Pelvis
5/ Humerus	10/ Patella	15/ Sacrum
		16/ Thoracic Vertebrae
		17/ Axis
		18/ Atlas

59

7

Muscles

Muscles

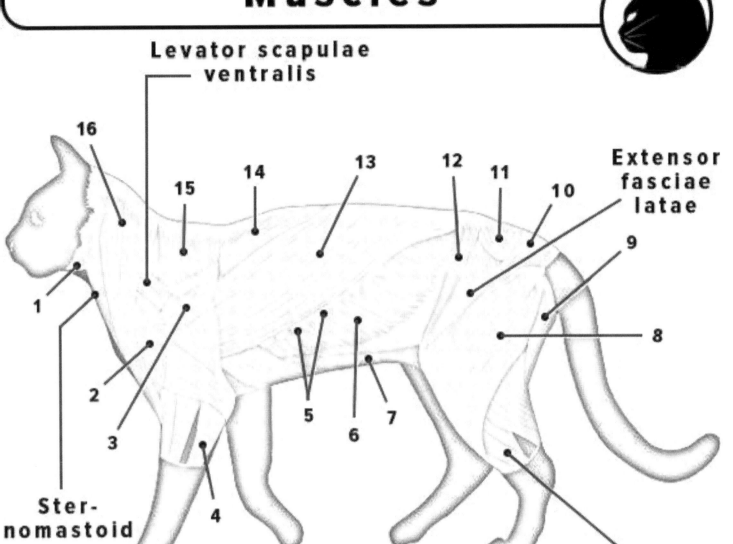

Levator scapulae ventralis

Extensor fasciae latae

Sternomastoid

Gastrocnemius

1/ Sternohyoid	5/ Serratus ventralis	9/ Semitendinosus	13/ Latissimus dorsi
2/ Acromodeltoid	6/ External oblique	10/ Gluteus superficialis	14/ Posterior trapezius
3/ Spindeltoid	7/ Rectus abdominis	11/ Gluteus medius	15/ Middle trapezius
4/ Triceps pectoralis	8/ Biceps femoris	12/ Sartorius	16/ Anterior trapesins

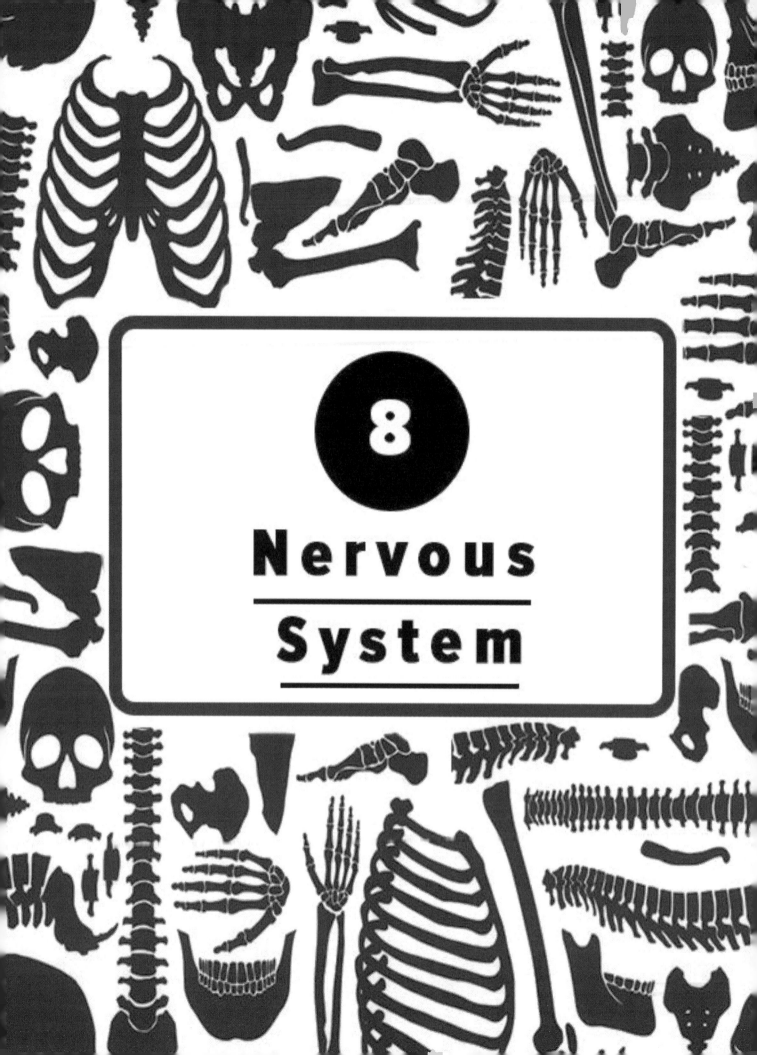

8

Nervous

System

Nervous System

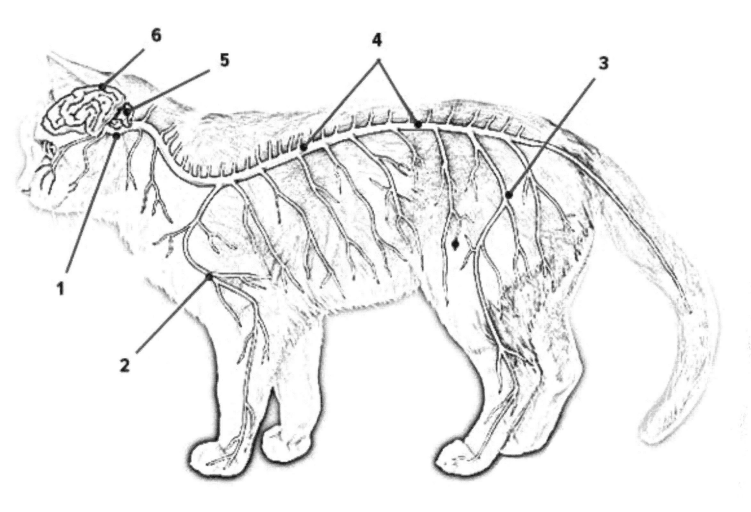

1/	Medulla oblongata	4/	Spinal cord
2/	Radial nerve	5/	Cerebellum
3/	Sciatic nerve	6/	Cerebrum

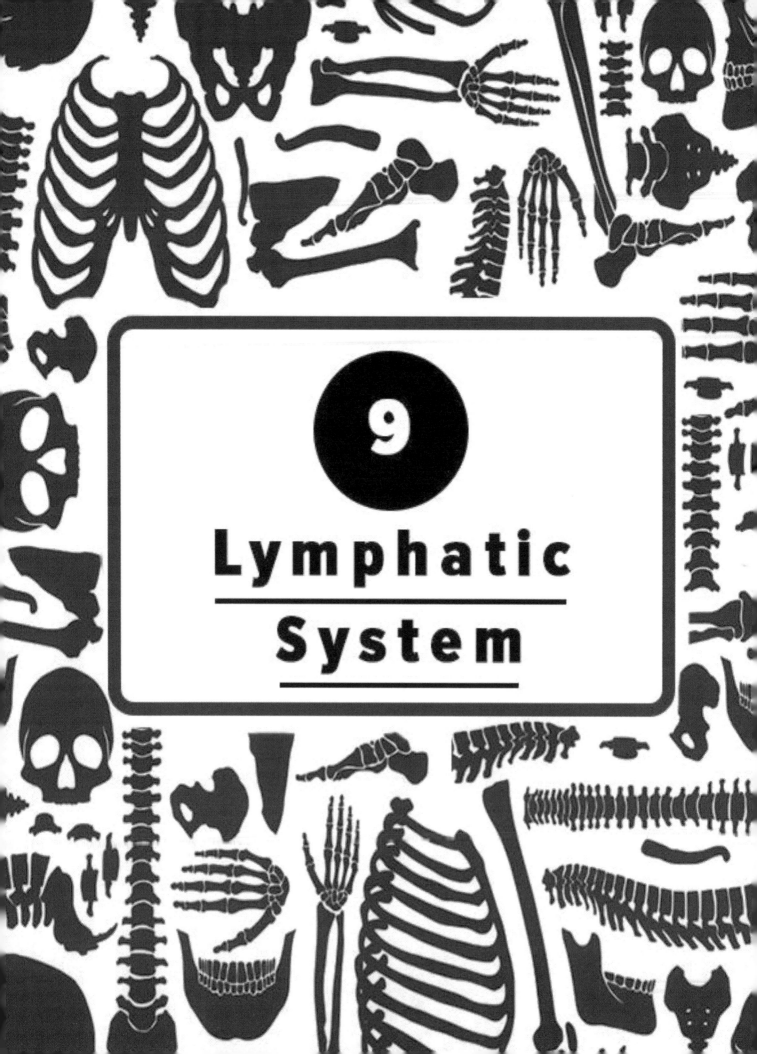

9

Lymphatic
System

Lymphatic System

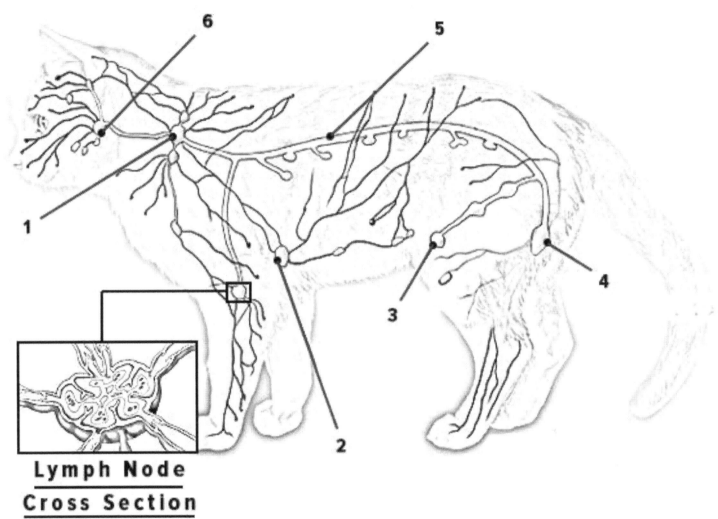

Lymph Node
Cross Section

1/	Cervical nodes	4/	Popliteal node
2/	Axillary node	5/	Thoracic duct
3/	Inguinal node	6/	Submandibular nodes

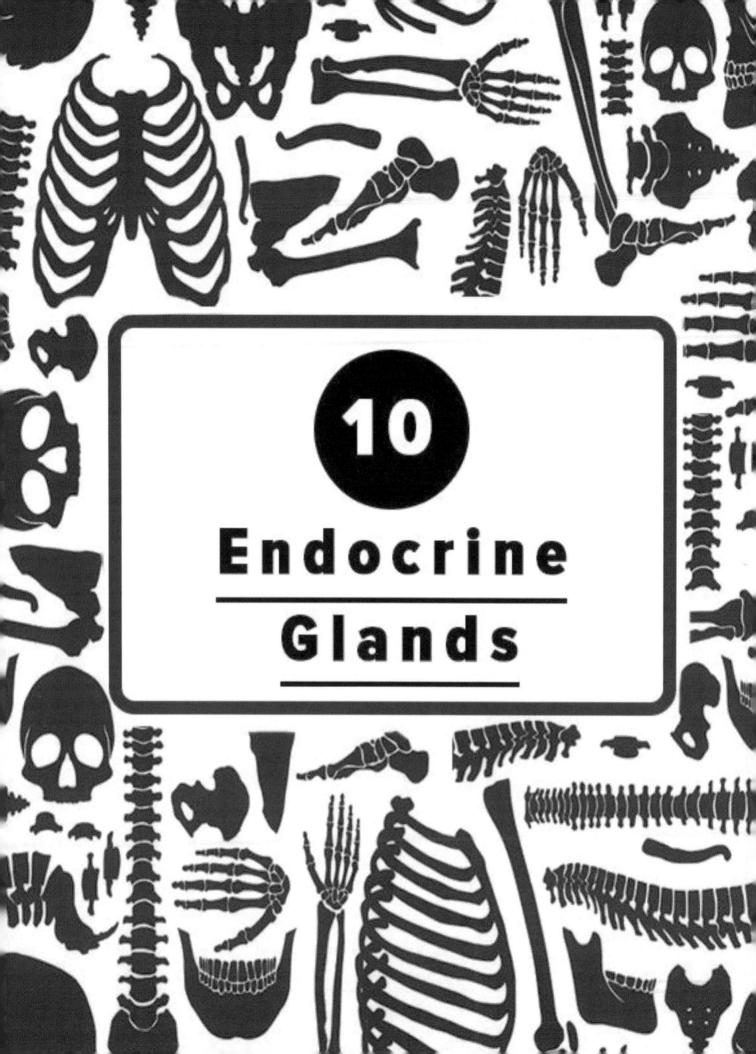

10

Endocrine

Glands

Endocrine Glands

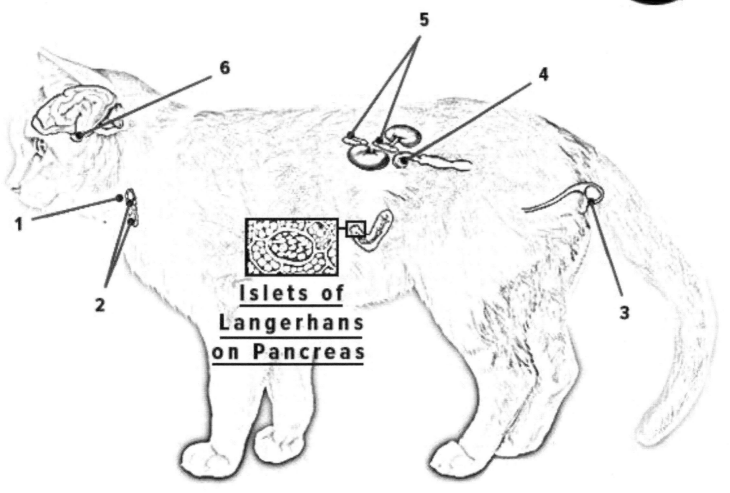

Islets of Langerhans on Pancreas

1/	Thyroid gland	4/	Ovary (Female)
2/	Parathyroid glands	5/	Adrenal glands
3/	Testicle (Male)	6/	Pituitary gland

11

Heart and
Blood Vessels

Heart & Blood Vessels

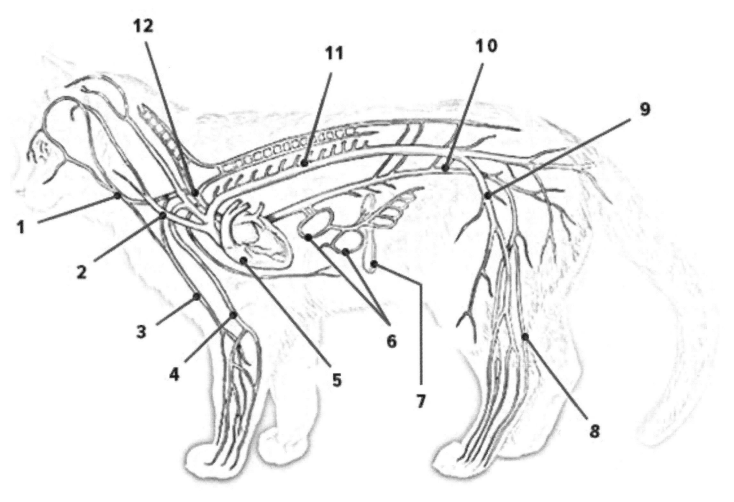

1/	Jugular vein	5/	Heart	9/	Femoral artery
2/	Carotid artery	6/	Portal veins	10/	Caudal vena cava
3/	Cephalic vein	7/	Spleen	11/	Aorta
4/	Brachial artery	8/	Saphenous vein	12/	Cranial vena cava

NOTE

Thank you for
buying this book

I hope more than anything,

that you enjoy it.

If you do, please consider

leaving an honest review to

help others find out about

the book.

❤ Thank you! ❤

Made in United States
Orlando, FL
25 November 2024

54488857R00039